EL PRINCIPIO DE LOS

I0887715

rinocerontes BEBÉS

MEG GREVE

CREATIVE EDUCATION • CREATIVE PAPERBACKS

CONT

ENIDO

SOY UNA CRÍA DE RINOCERONTE.

Soy un rinoceronte bebé.

¿Ves los bultos en mi nariz? Crecerán hasta convertirse en cuernos.

Cuando nací, pesaba
100 libras (45 kg).

Me puse de pie justo después de nacer. Mi mamá se queda cerca de mí. Bebo su leche.

Uso mis pezuñas
para caminar y
correr. ¡Soy rápido!

Mi mamá resopla a los leones. Les dice: "¡Aléjense!"

¡Me encanta
revolcarme
en el barro
y jugar!

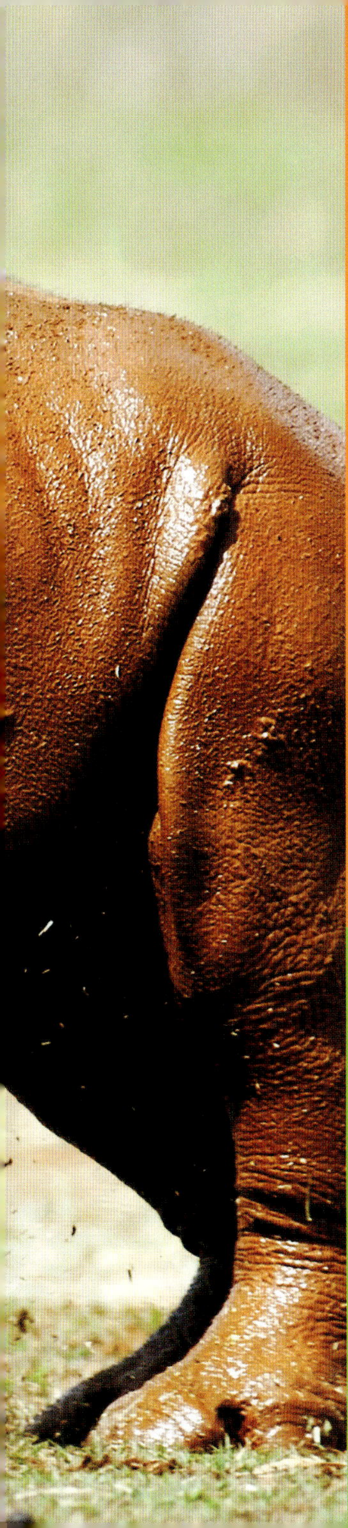

Como hierba sabrosa.
Me ayuda a crecer.

Algún día, pesaré más de 1,000 libras (500 kg).

HABLA Y ESCUCHA

¡¡H-

UUJ!

¿Puedes hablar como una cría de rinoceronte? Las rinocerontes bebés lloran y gruñen.

Escucha estos sonidos:

https://www.youtube.com/watch?v=EOoXBOiRDfk

¡Ahora es tu turno!

PALABRAS RELACIONADAS CON LOS RINOCERONTES

cuernos: partes duras y afiladas que crecen en la cabeza de un rinoceronte

pezuñas: cubiertas duras, parecidas a uñas, en las patas de un rinoceronte

resoplar: hacer un ruido fuerte al soplar

rino: abreviatura de *rinoceronte*; un animal terrestre grande con piel gruesa y arrugada

ÍNDICE ALFABÉTICO

PUBLICADO POR CREATIVE EDUCATION Y CREATIVE PAPERBACKS
P.O. Box 227, Mankato, Minnesota 56002
Creative Education y Creative Paperbacks son sellos editoriales de The Creative Company
www.thecreativecompany.us

LIBRARY OF CONGRESS CATALOGING-IN-PUBLICATION DATA
Names: Greve, Meg, author.
Title: Rinocerontes bebés / Meg Greve.
Other titles: Baby rhinoceroses. Spanish
Description: Mankato, Minnesota : Creative Education and Creative Paperbacks, [2025] | Series: El principio de los | Includes index. | Audience: Ages 4-7 | Audience: Grades K-1 | Summary: "Introduce beginning readers to the exotic world of baby rhinoceroses with this life science starter, in North American Spanish. Includes photos, a labeled animal diagram, "Make a Noise" section, and glossary"-- Provided by publisher.
Identifiers: LCCN 2024019457 (print) | LCCN 2024019458 (ebook) | ISBN 9781640264793 (library binding) | ISBN 9781682770177 (paperback) | ISBN 9781640005976 (ebook)
Subjects: LCSH: Rhinoceroses--Juvenile literature. | Rhinoceroses--Infancy--Juvenile literature.
Classification: LCC QL737.U63 G74818 2025 (print) | LCC QL737.U63 (ebook) | DDC 599.66/81392--dc23/eng/20240507

DISEÑO Y PRODUCCIÓN
Diseño por Rhea Magaro
Producción de Beeline Media and Design, Inc.
Dirección artística de Tom Morgan

FOTOGRAFÍAS de Alamy Stock Photo/Danny Lawson, 6; Shutterstock/2021 Photography, 7, Bohbeh, 13, Chad Wright Photography, 10, Corrie Barnard, 8, Daniel-Alvarez, cover, Eric Isselee, 4, 12, 14, Harriet S, 9, sitayi, 2, TashaBubo, 5

Impreso en China